FENÔMENOS ONDULATÓRIOS

Leandro Bertoldo

Dedicatória

Dedico este livro à amorosa e querida
Pitucha

"Há homens que se gabam orgulhosamente de só crer naquilo que compreendem esquecidos de que há mistérios na vida humana e na manifestação do poder de Deus nas obras da Natureza - mistérios que a mais profunda filosofia, as mais extensas pesquisas são incapazes de explicar" (Reavivamento e seus Resultados, 31).

Ellen Gould White
Escritora, conferencista, conselheira,
e educadora norte-americana.
(1827-1915)

Sumário

Dados biográficos

Leandro Bertoldo é o primeiro filho do casal José Bertoldo Sobrinho e Anita Leandro Bezerra. Tem um irmão chamado Francisco Leandro Bertoldo. Os dois seguiram a carreira no judiciário paulista, incentivados pelo pai, que via algo de desejável na estabilidade do serviço público.

Leandro fez as faculdades de Física e de Direito na Universidade de Mogi das Cruzes – UMC. Seu interesse sempre crescente pela área das exatas vem desde os seus 17 anos, quando começou a escrever algumas teses sérias a respeito do assunto. Em 1995, publicou o seu primeiro livro de Física, que foi um grande sucesso entre os professores universitários. O seu comprometimento com o Direito é resultado de suas atividades junto ao Tribunal de Justiça do Estado de São Paulo.

Leandro casou-se duas vezes e teve uma linda filha do primeiro matrimônio chamada Beatriz Maciel Bertoldo. Sua segunda esposa Daisy Menezes Bertoldo tem sido sua grande companheira e amiga inseparável de todas as horas. Muitas de suas alegrias são proporcionadas pelos seus amados cachorros: Fofa, Pitucha, Calma e Mimo.

Durante sua carreira como cientista contabilizou centenas de artigos e dezenas de livros, todos defendendo teses originais em Física e Matemática, destacando-se: “Teoria Matemática e Mecânica do Dinamismo” (2002); “Teses da Física Clássica e Moderna” (2003); “Cálculo Seguimental” (2005); “Artigos Matemáticos” (2006) e “Geometria Leandroniana” (2007), os quais estão sendo discutidos por vários grupos de pesquisas avançadas nas grandes universidades do país.

Prefácio

Esta é a primeira vez que o autor apresenta ao público ledor algumas de suas ideias revolucionárias sobre fenômenos ondulatórios, as quais foram produzidas durante os anos de 1981; 1983 a 1985 e 1993 a 1996.

Nesta obra, 24 artigos científicos contemplam o estudo das ondas eletromagnéticas, sonoras e luminosas, razão pela qual foi intitulada por "Fenômenos Ondulatórios". Nela foram apontados novos conceitos físicos aplicados ao universo científico-tecnológico.

Atenção especial foi dada ao método científico, para que seja possível a outros cientistas comprovarem a tese defendida em cada artigo. O principal método empregado foi o rigoroso método matemático, facilitando a compreensão e dando acesso imediato à tese defendida. Porém, a matemática empregada é elementar à maioria dos estudantes do ensino médio, o que facilita a constatação de qualquer falha ocorrida nas demonstrações.

A compilação dos artigos foi realizada pelo autor, que os extraiu de um conjunto maior de dados acumulados durantes anos de pesquisas científicas. O 1° artigo define o conceito de densidade de energia de uma corda vibrando em ondas estacionárias. O 2° apresenta o conceito de campo ondulatório das ondas planas. O 3° desenvolve o inusitado conceito de momento vibratório de uma onda. O 4° artigo analisa a cinemática ondulatória no movimento uniforme e no movimento variado. O 5° apresenta a hipótese de que as ondas corpusculares é resultado de uma perturbação do espaço ao redor dos corpúsculos. O 6° desenvolve o conceito de ondulação do espaço. O 7° apresenta várias inovações no estudo do som, tais como intensidade relativa e redução sonora. O 8° artigo propõe um estudo original sobre a propagação do som que atravessa uma superfície inclinada em diferentes ângulos. O 9º realiza a pesquisa sobre a qualidade das ondas sonoras, com a introdução de conceitos como densidade sonora e intensidade sonora. O 10º apresenta o conceito de ponto surdo, quando o som de uma fonte confunde-se com o da outra. O 11º artigo define o inédito conceito de índice de transparência. O 12º desenvolve várias ideias originais relacionadas com a refração da luz, tais como angularidade e retardamento da luz. O 13º apresenta a lei que permite identificar fluídos e sólidos em função da refração da luz. O 14º desenvolve matematicamente o inédito conceito de intervalo das cores prismáticas. O 15º artigo apresenta uma nova definição matemática para o índice de refração. O 16º procura explicar a alta temperatura da coroa solar. O 17º apresenta o novo conceito de redução de radiação. O 18º desenvolve novas ideias em radiologia, tais como concentração e intensidade de radiação, escala de medida de radiação etc. O 19º estabelece uma equação para a distribuição de frequência entre a radiação e a matéria. O 20º apresenta várias fórmulas inéditas relacionadas com o cálculo da pressão da radiação. O 21º artigo desenvolve vários conceitos originais relacionados com a pressão de um líquido. O 22º realiza o estudo sistemático do empuxo num campo de fluído com o desenvolvimento de novos conceitos. O 23º estuda a permeabilidade dos solos com a apresentação de ideias originais. O 24º apresenta equações inéditas que permitem calcular o coeficiente de agregação do solo, sua densidade e porosidade.

O autor, certo de estar oferecendo ao público ledor os seus melhores esforços numa área tão difícil, não dispensa, porém, as críticas e sugestões de seus leitores, sempre que forem pertinentes.

leandrobertoldo@ig.com.br

1. Densidade de Energia das Cordas Vibrantes

1. Introdução

Inicialmente vou apresentar os conceitos de cordas vibrantes e mostrar que as vibrações de uma corda presa pelos extremos devem existir na forma de ondas estacionárias com nós nos extremos. Empregando-se argumentos geométricos, farei uma contagem do número dessas ondas estacionárias cujas frequências estão no intervalo de (**f a f + df**). Assim, o número de ondas estacionárias no intervalo de frequências, multiplicado pela energia média das ondas e dividia pelo comprimento da corda, fornece a energia média contida em uma unidade de comprimento no intervalo de frequência de (**f a f + df**). Desse modo apresento a equação que traduz a densidade linear de energia **D(f)**.

2. Característica da Onda Estacionária de uma Corda Vibrante

Considere uma corda tensa fixa em ambas as extremidades. Quando dedilhada, ela é percorrida por uma onda TRANSVERSAL que sendo refletida nos extremos fixos origina uma onda estacionária. O importante é que os dois pontos extremos da corda, sendo fixos, funcionam como pontos modais.

3. Velocidade de Propagação de Onda

No caso particular de uma onda transversal numa corda tensa, a velocidade de propagação é representada pela seguinte fórmula:

$$v = \sqrt{F}/\mu$$

Sendo que a letra (**F**) representa à intensidade de força aplicada e a letra (**μ**) a densidade linear da corda.

4. Densidade Linear

A densidade linear de uma corda é igual à razão existência entre a massa (**m**) da corda, suposta homogênea e de seção reta constante pelo seu comprimento (**L**).

Simbolicamente, o referido enunciado é expresso pela seguinte relação:

$$\mu = m/L$$

5. Contagem do Número de Ondas

Vou considerar agora a questão da contagem do número de ondas estacionárias com nós nos extremos, com comprimento de onda no intervalo entre (λ **e** $\lambda + d\lambda$), que corresponde ao intervalo de frequência de (f_a, f_t, df).

A frequência está relacionada pela velocidade e o comprimento de onda, conforme a seguinte expressão:

$$f = V/\lambda$$

Para satisfazer à condição que as ondas tenham nós nos dois extremos da corda, posso escrever que:

$$\mathbf{n = 2L/\lambda}$$

Tal condição determina um conjunto de valores possíveis para o comprimento de onda (λ).

Naturalmente, posso escrever que:

$$\mathbf{f = n \,.\, V/2L}$$

O número de frequências possíveis no intervalo de frequência entre (**f e f + df**), é denominado por **N(f)df**. É fácil verificar que **N(f)df = (2L/V)df**. Entretanto, deve-se multiplicar tal expressão por um fator dois, pois, para cada uma das frequências possíveis, existem duas ondas independentes. Então, tem-se que:

$$\mathbf{N(f) \,.\, df = (4L/V) \,.\, df}$$

Assim está completo o cálculo do número de ondas estacionárias de uma corda.

A velocidade é expressa por:

$$\mathbf{V = 2L \,.\, f}$$

Então, vem que:

$$\mathbf{N(f)df = (4L/2L.f) \,.\, df}$$

Logo, resulta que:

$$\mathbf{N(f)df = 2(df/f)}$$

$$\mathbf{N(f)df = 2ln\ f/f_0}$$

Também, sabe-se que: ($\mathbf{v = \sqrt{F/\mu}}$), portanto, vem que:

$$\mathbf{N(f)df = (4L\ .\ \sqrt{F/\mu})\ df}$$

Sabe-se que:

$$\mathbf{\lambda = 2L}$$

Assim, posso escrever que:

$$\mathbf{N(f)df = (2\lambda/V)\ df}$$

A energia por unidade de comprimento no intervalo de frequência de (**f a f + df**) é igual ao produto da energia média (**W**) por onda estacionária vezes o número de ondas estacionárias no intervalo de frequência, dividida pelo comprimento (**L**) da corda. Assim, obtém-se finalmente o seguinte resultado:

$$\mathbf{D(f)df = (4W.\ \sqrt{F/\mu})\ df}$$

Também, posso estabelecer que:

$$\mathbf{D(f)df = (4W/V)\ df}$$

2. Teoria do Campo Ondulatório

1. Introdução

Uma onda origina, no espaço que a envolve, um campo ondulatório. Neste artigo, vou considerar o estudo de ondas planas.

2. Definição de Campo Ondulatório

Considere uma piscina de água, na qual se produz uma perturbação. Tal perturbação provoca o aparecimento de ondas que se propagam pela superfície da água, como circunferências concêntricas que se afastam do ponto de perturbação.

Assim, defino matematicamente, o campo ondulatório (**R**) em um ponto (**p**), situado a uma distância (**d**) da perturbação, como sendo igual ao produto existente entre uma constante de material (**e**) pela frequência (**f**), inversa pelo comprimento (**c**) da circunferência concêntrica no ponto (**p**).

Simbolicamente, o referido enunciado é expresso pela seguinte relação:

$$\mathbf{R = e \cdot f/c}$$

Ocorre que o comprimento da circunferência é expresso por:

$$\mathbf{c = 2\pi \cdot d}$$

Substituindo convenientemente as duas últimas expressões, tem-se que:

$$\mathbf{R = e/2\pi \,.\, f/d}$$

Tal expressão permite afirmar que à distância (**d**) da perturbação, o valor de (**R**) será o mesmo em todos os pontos.

3. Intensidade Ondulatória

Defino a intensidade ondulatória (**I**) de uma perturbação, como sendo igual ao produto existente entre a constante de material (**e**), pela frequência, inversa pela área da circunferência concêntrica em um ponto (**p**).

Simbolicamente, o referido enunciado é expresso por:

$$\mathbf{I = e \,.\, f/A}$$

Ocorre que a área de uma circunferência, é expressa por:

$$\mathbf{A = \pi \,.\, d^2}$$

Substituindo convenientemente as duas últimas expressões, vem que:

$$\mathbf{I = e \,.\, f/\pi \,.\, d^2}$$

4. Relação Entre Campo e Intensidade

Afirmei que:

a) $\mathbf{R = e/2\pi \,.\, f/d}$

b) $\mathbf{I = e/\pi \,.\, f/d^2}$

Dividindo membro a membro, posso escrever que:

$$\mathbf{R = I \cdot d/2}$$

5. Fluxo Sonoro

Se a onda sonora se propaga no interior de um tubo, a área da superfície de frente de onda se conserva constante. Assim, defino o fluxo sonoro como sendo igual ao produto existente entre a frequência, pela área da superfície de frente de onda pelo cosseno do ângulo formado entre a normal e o plano de propagação.

Simbolicamente, pode-se escrever que:

$$\phi = f \cdot A \cdot \cos\theta$$

A seguinte figura representa a área da superfície de frente de onda no interior de um tubo.

$$) A_1) A_2) A_3$$

$$A_1 = A_2 = A_3$$

3. Momento Vibratório

1. Introdução

Defino o momento vibratório de uma onda sendo igual ao produto existente entre a frequência da onda pela amplitude da mesma.

Simbolicamente, o referido enunciado é expresso por:

$$\mathbf{M = f \cdot A}$$

Sabe-se que a frequência é o inverso do período. Logo se pode escrever que:

$$\mathbf{M = A/T}$$

Sabe-se que o produto entre a frequência e o comprimento de onda é igual à velocidade de propagação ondulatória. Assim, pode-se escrever que:

$$\mathbf{M = V \cdot A/\lambda}$$

Em interferência com movimentos de mesmo período, o momento vibratório resultante é igual ao produto existente entre a frequência pela amplitude resultante.

Simbolicamente, o referido enunciado é expresso pela seguinte equação:

$$\mathbf{M_r = f \cdot A_r}$$

4. Cinemática Ondulatória

1. Introdução

A Cinemática Ondulatória é a parte da Mecânica que descreve os movimentos que ocorrem em ciclos. Os movimentos em ciclos podem ser classificados em duas categorias gerais, a saber:

a) **Movimentos Uniformes**

b) **Movimentos Variados**

O ciclo de movimentos uniforme é a classe que caracteriza os movimentos harmônicos. Estes movimentos apresentam comprimentos de ondas iguais no decorrer da sucessão dos ciclos. Já o ciclo de movimentos variados são aqueles cujo comprimento de onda varia no decorrer da sucessão dos ciclos.

No ciclo de movimento uniforme, a velocidade média calculada em qualquer período é sempre a mesma. Já num ciclo de movimento variado, a velocidade média varia de um período para outro.

2. Frequência e Período

A frequência de um fenômeno harmônico é definida como sendo igual ao quociente do número de ciclos, inverso pela variação de tempo decorrido no processamento dos ciclos.

Simbolicamente, o referido enunciado é expresso por:

$$f = n/\Delta t$$

O período de um fenômeno harmônico é caracterizado como sendo a relação entre a variação de tempo pelo número de ciclos ocorridos.

O referido enunciado é expresso simbolicamente por:

$$\mathbf{T = \Delta t/n}$$

Multiplicando-se ambos os termos das duas últimas expressões, pode-se escrever que:

$$\mathbf{f \cdot T = n \cdot \Delta t/\Delta t \cdot n}$$

Eliminando os termos em evidência, resulta o seguinte:

$$\mathbf{f \cdot T = 1}$$

Ou seja, frequência e período são relações inversas.

3. Ciclo de Movimento Uniforme

Neste ciclo a velocidade permanece constante no decorrer do movimento ondulatório. Tais ondas apresentam as seguintes propriedades:

I - O período é expresso por (T)

$$\mathbf{T = T_1 = T_2 = T_3 = \ldots = T_n}$$

Logo, o tempo decorrido no processamento do fenômeno ondulatório é expresso por:

$$\mathbf{t = n \cdot T}$$

II - O comprimento de onda é expresso por:

$$\lambda = \lambda_1 = \lambda_2 = \lambda_3 = ... = \lambda_n$$

Portanto o espaço percorrido pela onda a partir de um ponto inicial pode ser expresso por:

$$S = n \, . \, \lambda$$

III - Sabe-se que a velocidade é expressa por:

$$V = S/T$$

Substituindo convenientemente as três últimas expressões, vem que:

$$V = n \, . \, \lambda/n \, . \, T$$

Eliminando os termos em evidência, resulta:

a) $$V = \lambda/T$$

Como (**λ**) e (**T**) permanecem constantes pode-se afirmar que:

$$V = V_1 = V_2 = V_3 = ... = V_n$$

IV - Também ficou demonstrado que:

b) $$f \, . \, T = 1$$

Então, substituindo convenientemente as expressões (**a**) e (**b**), vem que:

$$V = \lambda \, . \, f$$

4. Ciclo de Movimento Uniformemente Variado

No ciclo de movimento variado, a posição e a velocidade são funções do tempo. Porém, no presente estudo, vou considerar apenas o ciclo do movimento uniformemente variado. Neste movimento a velocidade varia uniformemente com o tempo.

O referido movimento ondulatório apresenta as seguintes propriedades:

I - O comprimento de onda é expresso por:

$$\lambda \neq \lambda_1 \neq \lambda_2 \neq \lambda_3 \neq ... \neq \lambda_n$$

II - O período do movimento ondulatório variado é expresso por (T):

$$T = T_1 = T_2 = T_3 = ... = T_n$$

III - O espaço totalmente percorrido é expresso por: S

$$S = \lambda_1 + \lambda_2 + \lambda_3 + ... + \lambda_n$$
$$S = \Sigma\lambda$$

IV - O tempo decorrido é expresso por: (t)

$$t = T_1 + T_2 + T_3 + ... + T_n$$

Como:

$$T = T_1 = T_2 = T_3 = ... = T_n$$

Vem que:

$$t = n \cdot T$$

Como ($\mathbf{T . f = 1}$), pode-se escrever que:

$$\mathbf{t = n/f}$$

V - O número de ciclos é expresso por: (n)

Tal grandeza é um número inteiro que caracteriza uma quantidade.

VI - A aceleração é expressa por: (α)

No ciclo de movimento uniformemente variado, a aceleração em qualquer período apresenta sempre o mesmo valor. Com isto pode-se afirmar que a aceleração é constante no decorrer do processamento do movimento ondulatório uniformemente variado.

Logo, posso estabelecer a seguinte verdade:

$$\alpha = \alpha_1 = \alpha_2 = \alpha_3 = \ldots = \alpha_n$$

A aceleração é definida como sendo a variação da velocidade, inversa pela variação de tempo.

Simbolicamente:

$$\alpha = \Delta V/\Delta t$$

Portanto:

$$\Delta V = \alpha . \Delta t$$

Como a aceleração em qualquer período apresenta sempre o mesmo valor; e como o período em qualquer pulso é sempre o mesmo. Então, posso inferir que a velocidade de um pulso em movimento ondulatório uniformemente variado é igual ao número de ciclos multiplicado pela aceleração apresentada.

Simbolicamente, o referido enunciado é expresso por:

$$\mathbf{V = n\ .\ \alpha}$$

VII - Equação horária do ciclo

A função que estabelece a velocidade de uma onda acelerada em um instante qualquer, e que no momento da contagem do número de ciclos, já tenha uma velocidade inicial ($\mathbf{V_0}$) é expressa por:

$$\mathbf{V = V_0 + n\ .\ \alpha}$$

Também é de fundamental importância conhecer a função **S = f(t)**. Verifica-se que a função horária **S = f(t)** do ciclo do movimento ondulatório uniformemente variado é expresso por:

$$\mathbf{S = S_0 + V_0\ .\ n + n\ .\ V/2}$$

Também posso considerar a referida expressão numa função do segundo grau em (**n**) do tipo:

$$\mathbf{S = S_0 + V_0\ .\ n + n^2\ .\ \alpha/2}$$

Como (**S** =$\sum\lambda$), posso escrever que:

$$\mathbf{\sum\lambda = S_0 + V_0\ .\ n + n\ .\ V/2}$$

Também, posso reduzir a referida expressão para:

$$\mathbf{\sum\lambda = S_0 + n\ .\ [(V_0 + (V/2))]}$$

5. Hipótese Sobre a Dualidade da Radiação e da Matéria

1. Introdução

A - Considerando que o éter NÃO tem existência real.

§ **Único:** Experiência de Michelson-Morley.

B - Considerando que o espaço sofre deformações nas proximidades da matéria.

§ **Único:** Teoria da Relatividade Geral de Einstein.

C - Considerando que a radiação eletromagnética apresenta uma natureza dualística, comportando-se em certas circunstâncias como onda e em outras como partículas.

§ **1º** Teoria Quântica de Einstein sobre o efeito fotoelétrico.

§ **2º** Efeito Compton.

§ **3º** Fenômeno de interferência e difração.

D - Considerando que toda e qualquer forma de matéria apresenta uma natureza dualística, comportando-se em certas circunstâncias como partículas e em outras como ondas.

§ **1º** Postulado de "De Broglie".

§ **2º** Experiências de Davison, Germer e Thomson sobre as ondas de matéria.

E - Considerando que toda forma de energia, presente em um corpo ou transportada por uma radiação, possui inércia, medida pelo quociente do valor da energia inversa pelo quadrado da velocidade da luz.

§ **Único:** Teoria da Relatividade Restrita de Einstein.

Conclui-se que:

I - Toda e qualquer forma de energia apresenta características ondulatórias em seu movimento.

§ **Único:** Tal conclusão vem a unificar a natureza dual das radiações com a natureza dual das partículas materiais.

II - Toda e qualquer forma de energia, presente em uma partícula material ou transportada por um fóton, provoca uma perturbação no espaço. Tal perturbação se manifesta sob a forma de ondas, cuja natureza depende das características fundamentais dos corpúsculos.

6. O Efeito Ondulatório do Espaço

1. Introdução

Os corpúsculos apresentam um comportamento "dual". Em algumas circunstâncias comportam-se como partículas e, em outras, apresentam um comportamento ondulatório. Esta dualidade "onda-partícula" é uma característica geral de todos os corpúsculos.

Por corpúsculo pode-se entender como seno os fótons, os elétrons, os prótons; enfim, todas as partículas elementares.

A dualidade corpuscular é bem caracterizada pelas expressões:

a) $\mathbf{E = h \cdot f}$

b) $\mathbf{p = h/\lambda}$

Podemos observar que os corpúsculos apresentam características ondulatórias [frequências (**f**), comprimento de onda (**λ**)] que se combina com as características de partículas [Energia (**E**), quantidade de movimento (**p**)].

Na Física, os modelos corpusculares e ondulatórios têm sido usados para explicar todos os fenômenos que ocorrem a nível elementar, porém, cada modelo só é correto para determinado fenômeno. Não há fenômeno que nenhuma delas possa esclarecer.

Portanto, dependendo do instrumento de observação, pode-se constatar a manifestação das seguintes propriedades apresentadas pelos corpúsculos:

a) Numa interação é caracterizado como partícula, no sentido que fica perfeitamente localizado.

b) Em movimento é caracterizado como onda, no sentido que observam-se fenômenos de interferência.

Isto torna claro que a compreensão da radiação ou da matéria está incompleta. Evidentemente, a radiação e matéria não são apenas ondas ou apenas partículas. Um modelo mais geral é absolutamente necessário para descrever o comportamento dos corpúsculos.

Como devemos entender este assunto sob o aspecto qualitativo?

Sabemos que o espaço apresenta uma natureza não material, cujas algumas das propriedades foram previstas pela teoria geral da relatividade. Portanto, dentro desse conceito, para explicar como a dualidade onda-partícula funciona considera-se que os corpúsculos no universo, provocam a perturbação física do espaço de tal forma que este sofre uma distorção pela presença de um corpúsculo em movimento. Ou melhor, uma partícula elementar no espaço produz a depressão do espaço. Essa depressão é chamada "pulso". Quando o corpúsculo se desloca, ele vai deformando o espaço em seu redor, manifestando o efeito "onda" que o acompanha. Desse modo, os raios de luz vindo das estrelas sofrem desvios ao acompanhar as deformações relativísticas do espaço.

O espaço em torno de um corpúsculo não é uniforme. A simples presença do corpúsculo distorce o espaço em seu redor. Podemos afirmar que as ondas são depressões que os corpúsculos em movimento provocam no espaço que os envolvem. Portanto as vibrações do espaço estão relacionadas com os movimentos dos corpúsculos.

Como foi dito, a perturbação do espaço provocada pela existência do corpúsculo é chamada por "pulso". O movimento do corpúsculo movimenta o pulso constituindo a onda.

O Universo está preenchido por espaço. Então se o espaço for uniforme em toda região, os corpúsculos viajarão sempre com a mesma frequência. Assim, o comprimento de onda na propagação de um pulso depende da tensão e da densidade do espaço. Na proximidade da massa, o espaço sofre uma curvatura. Nestas condições, se sua tensão e densidade sofrerem alterações, então uma onda manifestando-se nessa região necessariamente sofrerá uma variação no seu comprimento de onda.

Sabemos que os corpúsculos além de apresentarem fenômenos característicos de partículas, também apresentam fenômenos de características ondulatórias. Sendo que a presente teoria explica que o espaço é de tal forma maleável que os corpúsculos, por sua própria natureza, provocam uma perturbação do espaço à sua volta. Esta perturbação é caracterizada por uma sinuosidade quântica chamada "pulso". Quando o corpúsculo entre em movimento, o "pulso" o acompanha ao longo do deslocamento, provocando a vibração espacial que caracteriza a "onda". Portanto, o espaço sofre distorções ondulatórias quando o corpúsculo se desloca. Fica evidente que a nível quântico, os efeitos ondulatórios são diretamente causados pelo movimento dos corpúsculos distorcendo o espaço em sua volta.

Em outros termos, o corpúsculo cria à sua volta um "pulso de espaço". Quanto menor for a inércia do corpúsculo, mais intenso será o potencial do pulso. E quando o corpúsculo entra em movimento, a geometria básica do espaço é alterada de forma previsível pela Mecânica Ondulatória Quântica.

Quero que fique bem claro, todo corpúsculo - sejam fótons, elétrons ou qualquer outra partícula elementar - produz onda de espaço que acompanha o movimento da partícula. Portanto, as perturbações ondulatórias são efeitos devido à modificação do espaço nas vizinhanças imediatas do corpúsculo que lhe sofre a ação.

Em conclusão podem-se extrair os seguintes conceitos:

a) Todo e qualquer corpúsculo no universo provocam a perturbação do espaço.

b) As ondas são manifestações da perturbação física do espaço pelo movimento do corpúsculo.

Finalizando a presente teoria, considere o seguinte pensamento:

"A história é rica em demonstrar que a ciência não é estática, mas está sempre em evolução. Assim, o estado atual do conhecimento é provisório. Portanto, além do que se pode enxergar, existem imensos segredos a desvendar".

7. Som

1. Introdução

A intensidade sonora é definida como sendo o quociente da energia que atravessa uma superfície perpendicular à direção de propagação, inversa pelo produto entre a área de tal superfície pelo tempo.

Simbolicamente, o referido enunciado é expresso por:

$$\mathbf{I = \Delta E/A \, . \, \Delta t}$$

2. Intensidade Relativa

A intensidade sonora relativa é definida como sendo igual ao quociente da intensidade sonora que consegue atravessar uma superfície, inversa pela intensidade sonora que incide sobre a superfície.

Simbolicamente o referido enunciado é expresso pela seguinte relação:

$$\mathbf{B = i/I}$$

3. Redução Sonora

Define-se uma grandeza física chamada "redução sonora" como sendo igual ao quociente da diferença entre a intensidade sonora incidente pela intensidade sonora imergente da superfície, inversa pela intensidade sonora incidente na superfície.

Simbolicamente o referido enunciado é expresso por:

$$\mathbf{S = (I - i)/I}$$

Que resulta na seguinte expressão:

$$\mathbf{S = 1 - (i/I)}$$

Entretanto, como:

$$\mathbf{B = i/I}$$

Então se pode escrever que:

$$\mathbf{S = 1 - B}$$

Logo a redução é igual à diferença entre o valor numérico "um" pela intensidade relativa.

8. Propagação do Som

1. Introdução

Considere uma superfície de área (**A**) localizada numa região onde ocorre a propagação de som.

A potência (**p**) de energia sonora através da referida superfície é igual ao quociente da (**ΔW**) que a atravessa, inversa pelo intervalo de tempo (**Δt**).

Simbolicamente, pode-se escrever que:

$$p = \Delta W / \Delta t$$

Portanto, a potência sonora através da superfície é a variação de energia transmitida na unidade de tempo.

2. Concentração Sonora

A concentração sonora (**c**) é definida como sendo igual à relação matemática entre a variação de energia (**ΔW**) pela área (**A**) de superfície atravessada.

Simbolicamente, o referido enunciado é expresso por:

$$c = \Delta W / A$$

3. Intensidade Física

A intensidade física (**I**) do som é igual ao quociente da potência (**p**) inversa pela área (**A**) atravessada pela energia.

Assim, pode-se escrever que:

$$I = p / A$$

4. Intensificação

É perfeitamente possível comparar a intensidade física (**I**) de uma superfície qualquer com uma intensidade física de referência ($\mathbf{I_R}$), por meio de uma grandeza adimensional denominada intensificação (**i**).

Simbolicamente pode-se estabelecer que:

$$\mathbf{i = I/I_R}$$

5. Potência em Relação à Superfície

Denomina-se potência sonora a intensidade física que atravessa uma superfície, cujo contorno é o próprio sistema.

Essa grandeza é expressa pela intensidade física (**I**) da energia que atravessa a área (**A**) da superfície. Esta grandeza escalar, chamada potência, pode ser definida simbolicamente por:

$$\mathbf{p = I \,.\, A \,.\, \cos\theta}$$

Onde a letra grega (**θ**) representa o ângulo entre (**I**) e a normal (**n**) à área. Nesta situação, podem ocorrer três valores particulares da propagação das ondas sonoras através de uma superfície plana em uma intensidade física uniforme:

a) Se a área da superfície estiver inclinada em relação à intensidade física (**I**), ela será atravessada por um número de ondas sonoras menores do que na situação perpendicular. Nesse caso a potência é menor, pois ($\mathbf{\cos\theta < 1}$).

b) Se a área da superfície estiver na posição perpendicular em relação à intensidade física (**I**), ela será atravessada por um número máximo de ondas sonoras, pois ($\mathbf{\cos\theta = 1}$) e, portanto ($\mathbf{p = I \,.\, A}$).

c) Quando a área da superfície estiver paralela à intensidade física (**I**), não é atravessada por ondas sonoras. Nesse caso a potência será nula, pois ($\cos \theta = 0$) e, portanto ($\theta = 0$).

6. Algumas Propriedades Adimensionais do Som

Quando a energia incide sobre a superfície de um corpo, ela é parcialmente dissipada, parcialmente refletida e parcialmente transmitida.

Sendo (ΔW) a energia incidente, (ΔW_1) é a parcela dissipada, (ΔW_2) é a parcela que sofreu reflexão e (ΔW_3) é a parcela transmitida, de tal maneira que:

$$\Delta W = \Delta W_1 + \Delta W_2 + \Delta W_3$$

Portanto, para proceder a uma avaliação de energia incidente, sobre a superfície de um corpo que sofre os fenômenos de dissipação, reflexão e transmissão, passo a definir as seguintes grandezas adimensionais:

a) Dissipada:

$$d = \Delta W_1/\Delta W$$

b) Refletida:

$$r = \Delta W_2/\Delta W$$

c) Transmitida:

$$t = \Delta W_3/\Delta W$$

Logo, somando as três grandezas obtêm-se:

$$\mathbf{d + r + t = d = (\Delta W_1/\Delta W) + (\Delta W_2/\Delta W) + (\Delta W_3/\Delta W) = (\Delta W_1 + \Delta W_2 + \Delta W_3)/\Delta W = \Delta W/\Delta W}$$

Portanto, conclui-se que:

$$\mathbf{d + r + t = 1}$$

7. Potência Remanescente

A potência remanescente (energia que atravessa uma superfície de um corpo pelo intervalo de tempo) é aquela que resulta do processo de transmissão. Ela depende da área (**A**) da parede, da espessura (**E**), da diferença de intensidade física ($\Delta I = I_2 - I_1$) e da natureza do material (α) que constitui a parede.

Observa-se que, para um determinado material, a potência remanescente (P_r) é tanto maior quanto maior for a área (**A**) da superfície e da diferença de intensidade física (**I**) e quanto menor for a espessura (**E**) da referida parede. Portanto, pode-se enunciar a seguinte lei:

A potência remanescente de um material homogêneo é diretamente proporcional à área da secção transversal atravessada e à diferença de intensidade física incidente resultante e inversamente proporcional à espessura da parede considerada.

Simbolicamente o referido enunciado é expresso por:

$$\mathbf{P_r = \alpha \,.\, A \,.\, (I_2 - I_1)/E}$$

A constante de proporcionalidade (α) depende da natureza do material, pode ser denominada por "índice de oposição sonora".

9. Qualidades das Ondas Sonoras

1. Introdução

As ondas sonoras são exemplo de ondas que têm origem mecânica. Para se propagarem, necessitam de meios materiais deformáveis ou elásticos.

As ondas sonoras apresentam frequência num intervalo capaz de estimular a sensação de audição. Este intervalo de frequência está compreendido entre 20 Hz a 20.000 Hz, sendo denominado "intervalo audível".

No presente artigo, considerarei o estudo de algumas definições matemáticas das qualidades das ondas sonoras.

2. Potência Sonora

Para definir a potência sonora (**p**), considere uma superfície (**A**) localizada na região onde ocorre a propagação das ondas sonora.

Matematicamente, a "potência sonora" (**p**) através da área (**A**) é expressa pela seguinte relação:

p = Energia que atravessa a superfície/Intervalo de tempo

Logo, a potência (**p**) é a medida da energia que atravessa uma superfície na unidade de tempo.

Simbolicamente, pode-se escrever que:

$$p = \Delta W/\Delta t$$

No Sistema Internacional, a energia é medida em "joules", e o tempo em segundo. Logo, a unidade de potência sonora é expressa por:

Watt = Joule/segundo

3. Densidade Sonora

Considere novamente, uma superfície de área (**A**) localizada numa região do espaço; onde ondas sonoras se propagam através da mesma.

Assim, defino a densidade sonora (μ) como sendo igual ao quociente da energia (**ΔW**) que atravessa a superfície, inversa pela área (**A**) da mesma.

Simbolicamente, o referido enunciado é expresso por:

$$\mu = \Delta W/A$$

Portanto, a densidade sonora (μ) é a energia que se propaga na unidade de área.

A unidade de densidade sonora no Sistema Internacional é Joule/m^2.

4. Intensidade Sonora

A intensidade sonora (**I**) de uma onda é igual ao quociente da potência (**p**) que atravessa uma superfície, inversa pela área (**A**) da referida superfície. Simbolicamente, pode-se escrever que:

$$I = p/A$$

Assim, a intensidade sonora de uma onda é a medida da potência que atravessa uma superfície, pela área da mesma. Esta grandeza permite distinguir os sons fracos dos fortes.

A intensidade sonora (**I**) também é definida matematicamente como sendo igual ao quociente da densidade sonora, inversa pelo intervalo de tempo.

O referido enunciado é expresso simbolicamente pela seguinte relação:

$$\mathbf{I = \mu/\Delta t}$$

Logo:

$$\mathbf{p/A = \mu/\Delta t}$$

5. Relação Entre Potência e Ângulo

Analisando as definições anteriores, posso definir a potência das ondas que atravessa a área (**A**) de uma superfície por:

$$\mathbf{p = I \,.\, A \,.\, \cos\theta}$$

Na referida expressão a letra (**θ**), representa o ângulo entre a intensidade sonora (**I**) e a normal (**n**) à área da superfície.

Pode-se concluir que, dependendo do ângulo de inclinação da superfície, podem ocorrer os seguintes valores particulares da potência sonora:

a) $\cos\theta < 1 \therefore p = I \,.\, A \,.\, \cos\theta$
b) $\cos\theta = 1 \therefore p = B \,.\, A$
c) $\cos\theta = 0 \therefore p = 0$

10. Ponto Surdo

1. Introdução

Em um estudo experimental particular de acústica, pude verificar que entre duas fontes sonoras de mesmo timbre e de alturas diferentes existe uma região onde uma fonte sobrepõe à outra. A esta região onde o som de uma fonte confunde-se com o da outra, defino o conceito de ponto surdo (**r**).

2. Dedução

Seja (I_A) a intensidade da onda sonora de uma fonte (**A**) num observador à distância (**x**) e (I_B) a intensidade de uma fonte (**B**) no observador nessa posição [em relação à fonte (**B**), à distância e (**d – x**), onde (**d**) é a distância fonte (**A**) - fonte (**B**)].

Sabe-se que a intensidade da onda sonora é proporcional à potência da onda, inversa pelo quadrado da distância que separa o observador da fonte.

Simbolicamente, posso escrever que:

$$I = (1/K) \cdot (p/d^2)$$

Onde a constante **k = 4π**

Desse modo, a intensidade fonte (**A**) – observador é expressa por:

$$I_A = (1/K) \cdot (p_A/x^2)$$

A intensidade fonte (**B**) – observador é expressa por:

$$I_B = (1/K) \cdot p_B/(d - x)^2$$

No ponto surdo:

$$I_A = I_B$$

Substituindo convenientemente as três últimas expressões, vem que:

$$(1/K) \cdot (p_A/x^2) = (1/K) \cdot p_B/(d - x)^2$$

Portanto, posso escrever que:

$$p_A/p_B = x^2/(d - x)^2 = [x/(d - x)]^2$$

Ou seja:

$$\sqrt{p_A/p_B} = x/(d - x)$$

Porém, defino uma grandeza que denominei por concorrência, como sendo igual à relação matemática existente entre as potências de duas pontes sonoras.

Simbolicamente, posso escrever que:

$$b = p_A/p_B$$

Substituindo convenientemente as duas últimas expressões, vem que:

$$\sqrt{b} = x/(d - x)$$

Logo, posso escrever que:

$$x = (\sqrt{b}) \cdot (d - x)$$

Ou seja:

$$x = (\sqrt{b}) \cdot d - (\sqrt{b}) \cdot x$$

Assim, vem:

$$\mathbf{x + (\sqrt{b}) \,.\, x = (\sqrt{b}) \,.\, d}$$

Portanto:

$$\mathbf{x \,.\, (1 + (\sqrt{b})) = (\sqrt{b}) \,.\, d}$$

Desse modo, resulta que:

$$\mathbf{x = (\sqrt{b}) \,.\, d/[1 + (\sqrt{b})]}$$

Assim, partindo-se da fonte (A), conclui-se que o ponto surdo situa-se da distância fonte (A) – fonte (B) pela seguinte expressão:

$$\mathbf{(\sqrt{b})/[1 + (\sqrt{b})]}$$

11. Índice de Transparência

1. Introdução

Quando a luz incide sobre uma superfície ou qualquer outro meio material, ocorrem os seguintes fenômenos:

a) Ela é parcialmente absorvida;
b) parcialmente refletida;
c) parcialmente transmitida.

Sendo que (**E**) é o iluminamento produzido por uma fonte puntiforme sobre um elemento de superfície; ($\mathbf{E_A}$) é a parcela de iluminamento absorvido pelo elemento de superfície; ($\mathbf{E_R}$) é a parcela de iluminamento refletido pelo elemento de superfície, e, ($\mathbf{E_T}$) é a parcela que atravessa o elemento de superfície.

De tal forma que se tem:

$$\mathbf{E = E_A + E_R + E_T}$$

2. Definição do índice

Quando a luz atravessa um meio transparente ou semitransparente seu iluminamento muda de um meio para outro.

Opticamente, um meio transparente e homogêneo é caracterizado pelo seu "índice de transparência".

O índice de transparência (**i**) de um meio, para determinada intensidade luminosa, é a relação entre o iluminamento de determinado meio (**E**) e o iluminamento ($\mathbf{E_T}$) do meio em questão.

Simbolicamente, pode-se escrever:

$$\mathbf{i = E/E_T}$$

Observa-se que o índice de transparência (**i**) é uma grandeza adimensional e maior que a unidade, ou seja:

$$\mathbf{E > E_T \Rightarrow i > 1}$$

O índice de transparência de um elemento de superfície é caracterizado por uma comparação entre o iluminamento (**E**) do meio (**A**) e o iluminamento (**E_T**) do meio (**B**). Dessa forma, (**i**) mostra quantas vezes o iluminamento no meio (**A**) é maior que o iluminamento no meio considerado.

Pode-se considerar o índice de transparência como absoluto, quando ele é igual à relação entre o iluminamento no "vácuo" e o iluminamento no meio em questão. Evidentemente o iluminamento no vácuo é diferente na superfície terrestre porque os gases que constituem a atmosfera terrestre apresentam simultaneamente os fenômenos de absorção, reflexão e transmissão.

3. Três Definições Básicas

Para se estudar determinados meios, é necessário avaliar a proporção de iluminamento que sofre o processo de absorção, reflexão e transmissão. Para isto é definido as seguintes grandezas adimensionais:

1. Absorção: $\mathbf{a = E_A/E}$
2. Reflexão: $\mathbf{b = E_R/E}$
3. Transmissão: $\mathbf{c = E_T/E}$

Somando as referidas grandezas, obtêm-se:

$$\mathbf{1 = a + b + c}$$

4. Relações Matemáticas

Foi apresentada a definição de índice de transparência como sendo igual à seguinte relação:

$$\mathbf{i = E/E_T}$$

Também foi definida a transmissão de luz como sendo igual à seguinte expressão:

$$\mathbf{c = E_T/E}$$

Multiplicando membro a membro, obtém-se que:

$$\mathbf{i \, . \, c = 1}$$

Assim, substituindo convenientemente a referida expressão na seguinte:

$$\mathbf{1 = a + b + c}$$

Obtém-se que:

$$\mathbf{i \, . \, c = a + b + c}$$

Portanto, pode-se concluir que:

$$\mathbf{i - 1 = (a + b)/c}$$

12. Refração

1. Introdução

Quando uma luz monocromática passa de um meio para outro mais refringente, ela forma com a normal à superfície exatamente no ponto de incidência, um ângulo (β) que é denominado por "ângulo de incidência". Após o ponto de incidência, a luz refratada forma, com a normal um ângulo (α) denominado por "ângulo de refração".

2. Desvio Angular

A grandeza física "desvio angular" é definido como sendo igual à diferença entre o ângulo de incidência pelo ângulo de refração, inversa pelo ângulo de incidência.

Simbolicamente o referido enunciado é expresso pela seguinte equação:

$$\mathbf{D = (\beta - \alpha)/\beta}$$

Onde:

(**D**) representa o desvio angular
(β) representa o ângulo de incidência
(α) representa o ângulo de refração

3. Angularidade

Também é perfeitamente possível definir outra grandeza adimensional chamada "angularidade", que permite avaliar que proporção do ângulo de incidência sofre o fenômeno do desvio angular.

A angularidade é definida como sendo igual à relação matemática existente entre o ângulo de refração pelo ângulo de incidência.

Simbolicamente o referido enunciado é expresso por:

$$\mathbf{i} = \alpha/\beta$$

Onde:

(**i**) representa a angularidade
(α) representa o ângulo de incidência
(β) representa o ângulo de refração

4. Relação (I)

A relação existente entre o desvio angular e a angularidade pode ser verificada por meio da seguinte substituição:

Sabe-se que:

$$\mathbf{D} = (\beta - \alpha)/\beta$$

Portanto pode-se escrever que:

$$\mathbf{D} = 1 - (\alpha/\beta)$$

Ocorre que foi demonstrada a seguinte verdade:

$$\mathbf{i} = \alpha/\beta$$

Portanto, substituindo convenientemente as duas últimas expressões, resulta que:

$$\mathbf{D = 1 - i}$$

Logo se pode concluir que o desvio angular é igual à diferença entre o valor numérico "um" pela angularidade.

5. Retardamento da Luz

A refração da luz é entendida como sendo o resultado da variação de velocidade sofrida pela luz ao mudar de meio.

Dessa maneira é possível definir uma nova grandeza física denominada retardamento da luz. Ela é igual à diferença matemática existente entre a velocidade da luz no vácuo pela velocidade da luz considerada no meio em observação, divididos pela velocidade da luz no vácuo.

Simbolicamente o referido enunciado é expresso pela seguinte equação:

$$\mathbf{f = (C - V)/C}$$

Onde:

(**f**) representa o retardamento da luz
(**C**) representa a velocidade da luz no vácuo
(**V**) representa a velocidade da luz no meio considerado.

6. Índice de Refração

Sob o ponto de vista óptico, o meio transparente e homogêneo é definido perfeitamente pelo chamado "índice de refração".

O índice de refração é definido como sendo igual à relação matemática existente entre a velocidade da luz no vácuo pela velocidade da luz no meio em questão.

Simbolicamente o referido enunciado é expresso por:

$$n = C/V$$

Onde:

(**n**) representa o índice de refração
(**C**) representa a velocidade da luz no vácuo
(**V**) representa a velocidade da luz no meio considerado

7 - Relação (II)

A relação existente entre o retardamento de luz e o índice de refração é demonstrada da seguinte forma:

Sabe-se que:

$$f = (C - V)/C$$

Logo se pode escrever que:

$$f = 1 - (V/C)$$

Foi definido que:

$$n = C/V$$

Logo pode-se escrever que:

$$1/n = V/C$$

Portanto substituindo convenientemente as expressões fundamentais, obtém-se que:

$$f = 1 - (1/n)$$

O que permite escrever:

$$\mathbf{f = (n - 1)/n}$$

Assim o retardamento de luz de um meio para outro é igual ao índice de refração menos “um”, divididos pelo valor do índice de refração.

13. Refração – Identidade dos Fluídos e Alguns Sólidos

1. Introdução

A refração sugere que cada substância tem seu próprio índice de refração característico, torna-se evidente que se pode empregar tal fenômeno como constante física das substâncias, o que permitiria “identifica-la através do conceito de refração”.

2. Índice de Refração

A relação constante existente entre o seno do ângulo de incidência e o seno do ângulo de refração é uma característica do meio em que a luz é desviada e é denominada “índice de refração”. Simbolicamente, escreve-se que:

$$n = \text{sen } i / \text{sen } r$$

3. Fixação de Referenciais

Para estabelecer o valor da constante física das substâncias é absolutamente necessário fixar certas grandezas físicas, a saber:

a) Todas as medidas de refração nas substâncias deverão ser efetuadas nas condições normais de temperatura e pressão.

b) Deve-se considerar a medida do índice de refração em relação ao vácuo, ou em relação ao ar nas condições normais de temperatura e pressão.

c) O ângulo de incidência de radiação dever ser fixado. Particularmente, eu fixaria: **sen 45º**, o que representaria: (**sen 45º = √2/2**). Desse modo, a expressão da Lei de Snell-Descartes, seria caracterizada por:

$$\mathbf{n = (\sqrt{2})/2sen\ r)}$$

d) Quanto à natureza da radiação, poderiam ser empregados os raios X, numa determinada frequência, que após atravessar a substância impressionaria uma chapa fotográfica.

14. Intervalo das Cores Prismáticas

Costumo chamar por intervalo das cores prismáticas a relação existente entre os índices de refração, tomando-se para primeiro termos desta relação o maior índice de refração.

Desse modo, designando por ($\mathbf{n_1}$) o maior índice de refração e por ($\mathbf{n_0}$) o menor índice de refração, o intervalo (**I**) é expresso simbolicamente por:

$$\mathbf{I = n_1/n_0}$$

Representando tal relação pelo logaritmo comum, pode-se escrever que:

$$\mathbf{\log I = \log n_1/n_0}$$

Logo, vem que:

$$\mathbf{\log I = \log n_1 - \log n_0}$$

Como cada cor do espectro newtoniano apresenta índices de refrações distintos, torna-se evidente a aplicabilidade das referidas expressões.

15. Índice de Refração

A geometria da luz, sob seu aspecto clássico, afirma que a relação constante existente entre o seno do ângulo de incidência e o seno do ângulo de refração é uma característica do meio em que a luz é desviada, e é conhecida por "índice de refração" (**n**).

O referido enunciado é expresso por:

$$\mathbf{n = sen\ i / sen\ r}$$

O índice de refração é uma característica do meio em que se propaga a luz. Assim vou procurar referi-lo ao valor que apresenta em relação ao vácuo. Este último apresentaria índice de refração zero. Assim, quando a luz passa do vácuo para um meio qualquer, apresentará um índice de refração, que para maior clareza deverá ser catalogado em tabela que indicará o índice de refração (**n**) em relação ao vácuo. Se, eventualmente, houver necessidade de encontrar o índice de refração entre dois meios quaisquer, nenhum deles sendo o vácuo, basta simplesmente calcular a diferença de índice de refração de ambos em relação ao vácuo. Desse modo, a diferença de índice de refração resultante entre a água e o vidro, por exemplo, pode ser escrita por:

$$\mathbf{n_{H2O}\ (vácuo) - n_{VIDRO}\ (vácuo) = n_{H2O}\ (vidro)}$$

Generalizando a referida expressão, posso escrever que:

$$\mathbf{n_{X}\ (vácuo) - n_{Y}\ (vácuo) = n_{X}\ (y)}$$

16. A Coroa Solar e Sua Temperatura

A partir da superfície, a emissão da luz pelo Sol é regularmente difusa. Isto significa que os raios solares são produzidos de forma espalhadas em todas as direções.

Ao atingirem uma determinada distância, os raios solares se cruzam em sua maior concentração, formando a chamada "coroa sola". Pelo princípio da reversibilidade dos raios de luz, cada um deles segue seu trajeto como se os demais não existissem.

Entretanto, na região onde é formado a coroa solar, pelo grande número de raios que se cruzam, a temperatura será altíssima em comparação com qualquer outra região. Isto porque no cruzamento dos raios solares, ocorrer um processo de "convergência". Logo, a coroa solar é o foco principal dos raios emergentes da superfície do sol. Portanto a temperatura nesse ponto será a mais alta.

Desse modo posso estender o conceito de vergência, aplicando-o ao Sol ou a qualquer outra estrela. Dentro desta nova visão, pode-se entender a vergência solar como sendo uma medida da propriedade que apresenta de converger a luz que emana de sua superfície. Assim, quanto menor for o "raio solar" (distância que separa o centro do sol até a coroa solar) e maior vergência é o que caracteriza maior inclinação dos raios emitidos, sendo então mais poderoso.

Matematicamente, a vergência solar (**V**) é definida como sendo o inverso do raio solar (**R**). Simbolicamente pode-se escrever que:

$$\mathbf{V \cdot R = 1}$$

17. Redução de Radiação

Quando a radiação emitida por uma fonte incide sobre uma superfície, apenas uma parcela é transmitida.

Nestas condições, define-se uma grandeza física chamada "Redução de Radiação", como sendo igual à diferença entre a radiação incidente pela radiação transmitida, dividida pelo valor da radiação incidente.

Simbolicamente, o referido enunciado é expresso pela seguinte relação:

$$\Omega = (Q - q)/Q$$

Onde a letra (**Ω**) representa a redução de Radiação, (**Q**) a radiação incidente sobre a superfície e (**q**) a radiação transmitida.

Assim por exemplo, se uma superfície apresentar (**Ω = 1/3**), isto significa que há uma redução em **1/3** da radiação incidente; ou seja, a radiação transmitida será **2/3** daquela que incidiu sobre a superfície.

A última expressão admite a seguinte simplificação:

$$\Omega = 1 - (q/Q)$$

A Física define uma grandeza chamada transmissividade como sendo igual à relação matemática existente entre a radiação transmitida pela radiação incidente.

Simbolicamente pode-se escrever que:

$$t = q/Q$$

Substituindo convenientemente as duas últimas expressões, resulta que:

$$\Omega = 1 - t$$

Portanto, a grandeza denominada redução de radiação é igual à diferença entre o valor numérico “um” pela transmissividade.

18. Radiologia

1. Introdução

Defino a concentração da intensidade de radiação visível, numa dada frequência, como sendo igual ao quociente do número de fótons multiplicado pela energia radiante que transporta inversa pelo volume, onde se encontram distribuídos.

Simbolicamente, o referido enunciado é expresso pela seguinte relação:

$$\mathbf{c = N \, . \, W/V}$$

2. Intensidade de Radiação

Defino a intensidade de radiação, como sendo igual ao quociente do número de fótons, inverso pelo volume, onde se encontram distribuídos os fótons da radiação.

O referido enunciado é expresso simbolicamente por:

$$\mathbf{i = N/V}$$

3. Relação Entre Concentração e Intensidade de Radiação

Substituindo convenientemente as equações da concentração de radiação com a da intensidade de radiação, posso escrever que:

$$\mathbf{c = i \, . \, W}$$

Assim, posso concluir que a concentração de radiação, cujos fótons apresentam uma dada energia é igual ao produto existente entre a intensidade de radiação pela energia transportada pelo fóton.

4. Radiômetro

Para precisar a noção de radiação visível, deve-se recorrer às variações que experimentam certas propriedades da matéria, quando muda a sensação de radiação visível de fótons de mesma energia. Por exemplo, no efeito fotoelétrico os números de elétrons emitidos aumentam, quando a superfície é atingida por uma intensidade de radiação maior.

Desta maneira, a radiação (**R**) é avaliada indiretamente pelo valor do número de elétrons expulsos da superfície de um metal, que produzem uma pequena corrente elétrica (**i**).

De um modo geral, sendo (**x**) uma grandeza conveniente que define uma das propriedades da matéria, a cada valor de (**x**) deve corresponder um determinado valor de (**R**) radiação.

Denominei a grandeza (**x**) por "grandeza radiométrica". A correspondência entre os valores da grandeza (**x**) e da radiação (**R**) constitui o que tenho chamado por "função radiométrica". Ao corpo em observação pode-se dar o nome de "radiômetro".

O emprego de radiômetro para avaliação de radiação de um sistema fundamenta-se no fato de que, após alguns instantes, o sistema e o radiômetro adquirem o que denominei por "equilíbrio radiante".

5. Escala

O conjunto dos valores numéricos que pode assumir uma radiação de uma dada frequência constitui uma "escala", a qual é fundamentada ao se graduar um radiômetro.

Para a graduação de um radiômetro simples de corrente elétrica, deve-se proceder da seguinte forma:

I) Devem-se escolher dois sistemas cujas radiações sejam constantes no decorrer do tempo e que possam ser reproduzidas facilmente quando necessário.

Tais sistemas são denominados por "pontos invariantes", sendo que escolhi para a radiação visível os pontos de efeito fisiológicos; ou seja:

a) Para o primeiro ponto considerei a menor percepção de radiação pelo olho humano.

b) Para o segundo ponto considerei a maior percepção de radiação pelo olho humano.

II) O radiômetro é exposto em presença dos sistemas que definem os pontos considerados em (**a**) e (**b**). A cada um vai corresponder uma intensidade de corrente elétrica. A cada intensidade de corrente deve-se atribuir um valor numérico arbitrário de radiação, fazendo o menor corresponder ao primeiro ponto e o outro ao segundo ponto, expressos em (**a**) e (**b**).

III) O intervalo delimitado entre as marcações feitas é dividido em partes iguais. Cada uma das partes em que fica dividido o intervalo é a unidade da escala (o LEAN da escala).

A minha escala adota os valores zero (**0**) para o primeiro ponto (**a**), e para o segundo ponto (**b**), o valor mil (**1000**). O intervalo entre os pontos fixos (**a**) e (**b**) é dividido em mil partes. Cada uma dessas mil partes é a unidade da escala, o LEAN, cujo símbolo é (**LB**).

6. Radiação Como Medida do Número de Fótons

A intensidade de radiação pode ser entendida como correspondendo a um número de fótons de dada energia.

Pode-se, então, concluir que a intensidade de radiação mais baixa que pode existir é aquela em que a radiação não existe no espaço. A esse limite inferior de radiação, pode-se estabelecer uma escala fundamental. Pois, se a intensidade de radiação é uma medida do número de fótons no espaço, então, ela deve ser nula quando o número de fótons naquele espaço for nulo.

19. Distribuição de Frequência entre a Radiação e a Matéria

Considere uma cavidade com paredes metálicas aquecidas uniformemente a uma temperatura qualquer. As paredes emitem radiações eletromagnéticas na faixa térmica de frequências.

O número de frequências possíveis no intervalo de frequência entre (**f**) e (**f + df**), é expresso por:

$$N(f) \,.\, df = (8\pi \,.\, V/c^3) \,.\, f^2 \,.\, df$$

Onde a letra (**V**) representa o volume da cavidade e a letra (**c**), representa a velocidade da luz.

Considerando uma amostra de matéria dentro da cavidade, e que as vibrações térmicas dos átomos de um sólido no interior da cavidade, são equivalentes a uma grande combinação de ondas elásticas estacionárias de um grande intervalo de frequências.

O cálculo do número de modos com frequências entre (**F**) e (**F + dF**) do sólido, será expresso por:

$$N(F) \,.\, dF = (4\pi \,.\, v/\omega^3) \,.\, F^2 \,.\, dF$$

Onde a letra (**v**), representa o volume do corpo e (**ω**) a velocidade de ondas elásticas.

Costumo representar a distribuição de frequência da radiação oriunda das paredes da cavidade e absorvida pela matéria em seu interior como sendo a seguinte relação:

$$\Psi = N(f) \,.\, df/N(F) \,.\, dF = (8\pi \,.\, V \,.\, f^2 \,.\, df/c^3) \,/\, (4\pi \,.\, v \,.\, F^2 \,.\, dF/\omega^3)$$

Portanto, vem que:

$$\mathbf{N(f) \,.\, df/N(F) \,.\, dF = (\omega^3 \,.\, 8\pi \,.\, V \,.\, f^2 \,.\, df) \,/\, (c^3 \,.\, 4\pi \,.\, v \,.\, F^2 \,.\, dF)}$$

Ao eliminar os termos em evidência, resulta que:

$$\mathbf{\Psi = N(f) \,.\, df/N(F) \,.\, dF = (2\omega^3 \,.\, V/c^3 \,.\, v) \,.\, (f^2 \,.\, df/F^2 \,.\, dF)}$$

20. Pressão da Radiação

Considere uma fonte de radiação eletromagnética que tenha uma secção transversal de área (**A**) que emite um fluxo de radiação contra uma superfície refletora.

Evidentemente, a referida superfície deflete os fótons sem alterar o módulo da velocidade dos mesmos.

Para calcular a pressão que a referida radiação vai exercer sobre a superfície, devo antes de tudo calcular a intensidade de força com que a mesma atinge a referida superfície.

Quando os fótons estão se movimentando em direção à superfície, a direção da velocidade deles é num sentido. Depois de serem refletidos pela superfície, eles passam a mover-se para o sentido oposto ao de incidência. Em ambos os casos, eles fazem um ângulo (θ) com a normal (**N**). Cada fóton, como resultado do seu impacto contra a superfície, sofre uma variação em sua velocidade que é paralela à normal (**N**) porque esta é a direção da força exercida pela superfície.

O módulo da variação dessa velocidade é expresso pela seguinte equação:

$$|\Delta C| = 2 \,.\, c \,.\, \cos\theta$$

A variação na quantidade de movimento de um fóton é expressa pela seguinte equação:

$$|\Delta Q| = i \,.\, |\Delta c|$$

Igualando convenientemente as duas últimas expressões, obtém-se que:

$$|\Delta Q| = 2 \,.\, i \,.\, c \,.\, \cos\theta$$

Caracterizada na direção da normal (**N**).

Seja (**n**) o número de fótons por unidade de volume. O número de fótons que atinge a superfície por unidade de tempo é caracterizado por aqueles que estão num volume cujo comprimento é igual à velocidade (**c**) e cuja secção transversal é representada simbolicamente por (**A**).

Logo, pode-se concluir que esse número caracterizado por:

$$\mathbf{n\,(A\,.\,c)}$$

Cada fóton sofre uma variação de quantidade de movimento igual a (**2 . i . c . cosθ**). Portanto, a variação da quantidade de movimento oriundo da radiação eletromagnética por unidade de tempo é caracterizado pela seguinte expressão:

$$\mathbf{F = (n\,.\,A\,.\,c)\,.\,(2\,.\,i\,.\,c\,.\,\cos\theta)}$$

Simplificando, resulta que:

$$\mathbf{F = 2\,.\,A\,.\,n\,.\,i\,.\,c^2\,.\,\cos^2\theta}$$

Seja a letra (**S**) o símbolo da área da superfície que sofre a ação do impacto da radiação eletromagnética.

Sabe-se que:

$$\mathbf{A = S\,.\,\cos\theta}$$

E o resultado anterior torna-se:

$$\mathbf{F = 2\,.\,S\,.\,n\,.\,i\,.\,c^2\,.\,\cos^2\theta}$$

Essa é a equação que traduz a intensidade de força exercida pela superfície sobre a radiação e a intensidade de força igual e oposta, exercida sobre a superfície (**S**) refletora.

Uma vez que a força total não é impressa a uma única partícula da superfície, mas sobre uma área. Quando se trata de uma radiação procura-se estudar a referida força através do conceito de pressão.

A Física Clássica mostra que a pressão é igual ao quociente da intensidade de forma imprimida inversa pela área da superfície sobre a qual se imprime essa intensidade de força.

Simbolicamente, o referido enunciado é expresso pela seguinte relação:

$$\mathbf{p = F/S}$$

Então, substituindo convenientemente as duas últimas expressões, resulta que:

$$\mathbf{p = 2 \,.\, n \,.\, i \,.\, c^2 \,.\, \cos^2\theta}$$

A referida expressão traduz o conceito de pressão da radiação eletromagnética.

Nessa expressão, (**c . cosθ**) caracteriza a componente da velocidade dos fótons ao longo da normal à superfície. Isso dá a pressão da radiação, devida aos fótons que se deslocam numa direção e faz um ângulo (**θ**) com a normal à superfície. Portanto, nesse caso (**n**) não é o número total de fótons por unidade de volume, mas somente aqueles que se desloquem na direção descrita. Consequentemente, deverei começar por procurar a fração dos fótons que corresponde a um movimento segundo um ângulo (**θ**) com a normal à superfície e somar suas contribuições para todas as direções. Em lugar disso, procedi de uma forma simples e mais intuitiva que exprime essencialmente o mesmo resultado.

Então considere uma fonte tridimensional; posso assegurar que, estatisticamente, num dado instante, metade dos fótons tem um componente da velocidade que aponta para a superfície, e a outra metade tem a mesma componente apontando em sentido contrário à superfície. Desse modo, devo substituir (**n**) por (**n/2**), desde que somente (**n/2**) esteja se encaminhando para atingir a superfície.

Considere um gráfico tridimensional com parede (**ABCD**). Então se pode concluir que ($\mathbf{c \cdot \cos\theta}$) é a componente ($\mathbf{c_x}$) da velocidade do fóton ao longo do eixo (**x**) que é normal à superfície que escolhi. Concluindo a referida mudanças para a expressão que traduz a pressão da radiação, obtém-se que:

$$\mathbf{p = 2(n/2) \cdot i \cdot c^2_x}$$

O módulo da velocidade de propagação do fóton no referido gráfico, é expresso por:

$$\mathbf{c^2 = c^2_x + c^2_y + c^2_z}$$

Na realidade deve-se usar o valor médio ($\mathbf{c^2_{m,\ rqm}}$) e, portanto:

$$\mathbf{c^2_{rqm} = c^2_{x,rqm} + c^2_{y,rqm} + c^2_{z,rqm}}$$

Porém, posso supor que as direções das velocidades dos fótons emitidos são distribuídas isotrópicamente. Assim,

$$\mathbf{c^2_{x,rqm} = c^2_{y,rqm} = c^2_{x,rqm}}$$

Logo, conclui-se que:

$$\mathbf{c^2_{x,rqm} = c^2_{rqm} /3}$$

Fazendo as devidas substituições para a expressão que traduz a pressão da radiação, obtém-se que:

$$\mathbf{p = 2(n/2) \cdot i \cdot c^2_{rqm} /3}$$

$$\mathbf{p = n \cdot i \cdot c^2_{rqm} /3}$$

Como (**n = N/V**), onde (**N**) é o número total de fótons e (**V**) é o volume. Posso concluir que:

$$p = N \cdot i \cdot c^2_m / 3 \cdot V$$

Isso me permite escrever que:

$$p \cdot V = N \cdot i \cdot c^2_{rqm}/3$$

Porém, a energia transportada por um fóton é expressa pela seguinte equação:

$$W = i \cdot c^2$$

Então, substituindo convenientemente as duas últimas expressões, obtém-se que:

$$p \cdot V = N \cdot W/3$$

A equação de Max Planck permite escrever que:

$$W = h \cdot f$$

Então, substituindo convenientemente as duas últimas expressões, obtém-se que:

$$p \cdot V = N \cdot h \cdot f/3$$

A referida equação é obedecida com uma aproximação surpreendentemente excelente para todo tipo de radiação eletromagnética dentro de uma cavidade perfeitamente refletora.

Demonstrei que a potência da radiação eletromagnética é caracterizada por:

$$p = N \cdot i \cdot c^2/3 \cdot V$$

Porém, sabe-se largamente que a densidade de radiação é igual ao quociente de sua inércia, inversa pelo volume.

Simbolicamente, o referido enunciado é expresso pela seguinte relação:

$$\mathbf{d = i/V}$$

Substituindo convenientemente as duas últimas expressões, obtém-se que:

$$\mathbf{p = d \cdot c^2/3}$$

A pressão da radiação exercida sobre as paredes de uma cavidade refletora é igual a um terço da densidade da radiação eletromagnética em produto com o quadrado da velocidade de propagação do fóton.

Demonstrei que a energia oriunda de um fóton é iguala ao quociente da inércia de um fóton em produto com o quadrado da velocidade de propagação do fóton.

O referido enunciado é expresso simbolicamente pela seguinte equação:

$$\mathbf{W = i \cdot c^2}$$

O quadrado da velocidade de propagação do fóton é igual ao triplo da pressão da radiação numa cavidade refletora, inversa pela densidade da mesma.

Simbolicamente, o referido enunciado é expresso pela seguinte relação:

$$\mathbf{c^2 = 3 \cdot p/d}$$

Substituindo convenientemente as duas últimas expressões, obtém-se que:

$$\mathbf{W = 3 \,.\, i \,.\, p/d}$$

Isso me permite afirmar que a energia de uma radiação eletromagnética numa cavidade refletora é igual ao triplo da inércia do fóton em produto com a pressão da radiação, inversa pela densidade da referida radiação.

21. A Pressão de um Líquido e a Profundidade

1. Introdução

Verifica-se experimentalmente que numa mesma profundidade a pressão exercida por um líquido é a mesma para todos os corpos, independentemente de sua área.

O problema que será considerado no presente estudo envolve diferentes profundidades. Nestas condições a ação da pressão sobre o corpo varia de forma significativa.

Dessa forma, considere um ponto (**a**) localizado no fundo de um recipiente que contém um líquido qualquer. Considere também outro ponto (**b**) localizado a certa distância em relação ao fundo do recipiente.

2. Relação (I)

Pelo teorema de Stevin, sabe-se que a pressão em um ponto situado à profundidade (**H**) no interior de um líquido é expressa pela seguinte expressão:

$$\mathbf{p_a = \mu \cdot g \cdot H}$$

Onde a letra (**p_a**) representa o valor da pressão no ponto (**a**), (**μ**) a densidade do líquido, (**g**) a aceleração da gravidade e (**H**) a profundidade em (**a**).

Portanto, também se torna evidente que a pressão no ponto (**b**) é expressa por:

$$\mathbf{p_b = \mu \cdot g \cdot A}$$

Como:

$$A = H - h$$

Pode-se escrever que:

$$p_b = \mu \cdot g \cdot (H - h)$$

Dividindo membro a membro as expressões (p_a) e (p_b), obtêm-se que:

$$p_a/p_b = \mu \cdot g \cdot H/\mu \cdot g \cdot (H - h)$$

Eliminando os termos em evidência, resulta que:

$$p_a/p_b = H/(H - h)$$

Portanto, pode-se escrever que:

$$p_a = p_b \cdot [H/(H - h)]$$

A referida expressão fornece a pressão em um ponto no interior de um líquido, bastando somente conhecer a pressão no fundo do recipiente (p_a), a profundidade (**H**) em (**a**) e a profundidade (**h**) em (**b**).

3. Relação (II)

A expressão anterior, também pode ser deduzida da seguinte forma:

$$p_b/p_a = \mu \cdot g \cdot (H - h)/\mu \cdot g \cdot H$$

Eliminando os termos em evidência, vem que:

$$\mathbf{p_b/p_a = (H - h)/H}$$

Portanto, pode-se escrever que:

$$\mathbf{p_b/p_a = (H/H) - (h/H)}$$

Assim, vem que:

$$\mathbf{p_b/p_a = 1 - (h/H)}$$

Logo resulta na seguinte expressão:

$$\mathbf{p_b = p_a \, . \, [(1 - (h/H)]}$$

Portanto conclui-se que a pressão em um ponto no interior de um líquido é igual à pressão máxima do fundo do recipiente, multiplicada por "um" menos a relação entre as profundidades máximas e a variável.

4. Razão de Profundidade

A razão de profundidade é uma grandeza física de característica adimensional definida pela relação entre a profundidade de um ponto qualquer pela profundidade máxima.

Simbolicamente o referido enunciado é expresso pela seguinte relação:

$$\mathbf{r = h/H}$$

Ficou demonstrado no presente estudo que a pressão num ponto qualquer é expressa por:

$$\mathbf{p_b = p_a \, . \, [(1 - (h/H)]}$$

Substituindo convenientemente as duas últimas expressões vem que:

$$\mathbf{p_b = p_a \cdot (1 - r)}$$

5. Redução de Profundidade

A redução de profundidade é uma grandeza física definida como sendo igual à diferença matemática entre a profundidade máxima pela profundidade num ponto qualquer, inversa pelo valor da profundidade máxima.

Simbolicamente o referido enunciado é expresso por:

$$\mathbf{R = (H - h)/H}$$

6. Relação (III)

Foi definido no item anterior que:

$$\mathbf{R = (H - h)/H}$$

Que pode ser simplificada para a seguinte expressão:

$$\mathbf{R = 1 - (h/H)}$$

Foi definido que:

$$\mathbf{r = h/H}$$

Substituindo convenientemente as duas últimas expressões, resulta que:

$$\mathbf{R = 1 - r}$$

7. Relação (IV)

Foi demonstrado no presente estudo que:

a) $\mathbf{p_b = p_a \,.\, (1 - r)}$
b) $\mathbf{R = 1 - r}$

Substituindo convenientemente as duas últimas expressões, resulta que:

$$\mathbf{p_b = p_a \,.\, R}$$

Portanto, conclui-se que a pressão num ponto qualquer no interior de um líquido é igual ao produto entre a pressão máxima pela redução de profundidade.

22. Campos de Fluídos

1. Introdução

O objetivo do presente artigo consiste em mostrar que o empuxo é resultado da ação de um campo de força fluídico.

2. Teorema de Arquimedes

O teorema de Arquimedes afirma que todo corpo mergulhado em um líquido fica submetido à ação de uma força vertical, orientada de baixo para cima, denominada por empuxo, e de módulo igual ao peso do líquido deslocado.

3. Expressão Analítica do Empuxo

O empuxo que um corpo mergulhado em um líquido está sujeito é igual ao produto existente entre o volume submerso pela densidade do líquido e pelo valor da aceleração gravitacional local.

Simbolicamente, o referido enunciado é expresso por:

$$E = V \cdot \mu \cdot g$$

Como o produto existente entre a gravidade e a densidade é constante, posso escrever que:

$$e = \mu \cdot g$$

Substituindo as duas últimas expressões, vem que:

$$E = V \cdot e$$

Posso estabelecer que (**E**) e (**e**) caracterizam grandezas vetoriais intermediárias. Portanto, posso escrever que:

$$\uparrow\mathbf{E} = \mathbf{V} \cdot \uparrow\mathbf{e}$$

Neste artigo vou considerar os casos ideais de fluídos perfeitos e corpo submerso com massa nula ou desprezível; porém apresenta volume.

4. Conceito de Campo Fluídico

O conceito de campo fluídico pode ser facilmente entendido, utilizando-se para tal uma comparação imediata do mesmo com a noção de campo gravitacional.

Em termos puramente fluídicos, digo que um líquido imerso em um campo gravitacional, passa a sofrer uma perturbação denominada por campo fluídico e que se traduz em termos de uma força que atuará sobre um corpo de prova qualquer colocado num ponto (**p**), genérico, na região líquida do campo. Essa força é denominada por empuxo, que pode ser obtido experimentalmente, da seguinte forma:

Colocando-se inicialmente num ponto submerso do líquido um corpo de prova ideal ($\mathbf{m \cong 0}$) de volume ($\mathbf{V_1}$), registrar-se-á nessas condições um empuxo ($\uparrow\mathbf{E_1}$) autuando sobre ele. Substituindo-se ($\mathbf{V_1}$) por outro corpo de prova ($\mathbf{V_2}$), atuará sobre ele um empuxo ($\mathbf{E_2}$). Genericamente, sobre um corpo ($\mathbf{V_n}$), atuará um empuxo ($\mathbf{E_n}$). Tem-se então que:

$$\mathbf{V_1} \rightarrow \uparrow\mathbf{E_1}$$
$$\mathbf{V_2} \rightarrow \uparrow\mathbf{E_2}$$
$$\mathbf{...}$$
$$\mathbf{V_n} \rightarrow \uparrow\mathbf{E_n}$$

Onde os empuxos ($\uparrow\mathbf{E_1}$, $\uparrow\mathbf{E_2}$,..., $\uparrow\mathbf{E_n}$) registrados apresentam as mesmas direção e sentidos.

Dessa forma, verifica-se experimentalmente que existe uma relação constante entre o empuxo que atua sobre um dado corpo ideal de prova e o seu volume, ou seja:

$$\uparrow \mathbf{E_1/V_1} = \uparrow \mathbf{E_2/V_2} = \ldots = \uparrow \mathbf{E_n/V_n} \equiv \textbf{constante}$$

Essa constante representa o próprio vetor campo fluídico, (↑**e**), no ponto, (**p**), considerado. Tem-se então de forma genérica:

$$\uparrow \mathbf{E/V} = \uparrow \mathbf{e}$$

Onde (**V**) é uma grandeza escalar, característica do corpo de prova utilizado, e (↑**e**) uma grandeza vetorial, ou seja, o vetor campo fluídico, cuja intensidade depende de fatores que influem no líquido, tais como gravidade, temperatura, densidade, etc.

5. Sentido

O empuxo que atua sobre um corpo ideal de prova, (**V**), colocado num ponto, (**p**), qualquer, na região de um campo fluídico, tem sempre a mesma direção e sentido do vetor campo fluídico, (↑**e**). Por sua vez, de uma forma geral, o vetor campo fluídico, (↑**e**) é tal que se opõe ao vetor do campo gravitacional no qual o líquido está imerso. Dessa forma, tem-se um corpo de prova imerso num líquido, e este imerso em um campo gravitacional.

6. Campo Fluídico Uniforme

Todos os campos fluídicos conhecidos atualmente são considerados perfeitamente uniformes; ou seja, é o campo fluídico onde o vetor campo, (↑**e**), é o mesmo, qualquer que seja o ponto, (**p**), do campo considerado, desde que esteja totalmente submerso. Assim, em cada ponto de campo, o vetor (↑**e**) tem a mesma intensidade, a mesma direção e o mesmo sentido.

Naturalmente existem campos fluídicos que não são uniformes, pois o vetor (↑**e**) é característico da densidade do líquido e a densidade sofre influência do peso do próprio líquido, da pressão extrema e da temperatura.

7. Linhas de Empuxo

São linhas imaginárias traçadas de modo que, em cada ponto de um campo fluídico, são tangentes ao respectivo vetor (↑**e**) característico desse ponto, sendo que a orientação das linhas de empuxo é feita sempre, por convenção, no mesmo ponto do vetor campo fluídico.

8. Observação Quanto ao Campo Fluídico Uniforme

O campo fluídico uniforme apresenta (↑**e**) constante, resulta que (↑**E**) é constante e, portanto, uma partícula ideal totalmente imersa abandonada em repouso executa movimento retilíneo uniformemente variado e acelerado. Se a partícula fosse lançada na direção do campo, porém em sentido contrário, o movimento inicial seria retilíneo, uniformemente variado e retardado.

9. Trabalho do Empuxo num Campo Uniforme

Considere um campo fluídico uniforme de intensidade (**e**). Neste campo, vou supor que um corpo ideal, (**V**) sofra um deslocamento do ponto (**A**) até o ponto (**B**), ao longo de uma linha de empuxo.

O empuxo ($\uparrow\mathbf{E} = \mathbf{V} \cdot \uparrow\mathbf{e}$), que age em (**V**), é constante, pois o campo é uniforme ($\uparrow$e constante). Seja (**d**) o módulo do deslocamento retilíneo (**AB**) e ($\mathbf{E} = \mathbf{V} \cdot \mathbf{e}$) a intensidade do empuxo. Da definição de trabalho de uma força constante e paralela ao deslocamento retilíneo, vem que:

$$\vartheta^{B}{}_{A} = \mathbf{E} \cdot \mathbf{d}$$

Porém, como:

$$\mathbf{E} = \mathbf{V} \cdot \mathbf{e}$$

Posso escrever que:

$$\vartheta^{B}{}_{A} = \mathbf{V} \cdot \mathbf{e} \cdot \mathbf{d}$$

Tal trabalho é positivo, portanto trata-se de um "trabalho motor", logo o empuxo está a favor do deslocamento. Se (**V**) fosse levado de (**B**) até (**A**), o empuxo teria sentido contrário ao deslocamento e o trabalho seria negativo, portanto seria um "trabalho resistente".

É possível demonstrar facilmente que o trabalho do empuxo entre os pontos (**A**) e (**B**) não depende da forma da trajetória; sendo que tal conclusão é válida para um campo fluídico qualquer.

10. Trabalho do Empuxo num Campo Fluídico Qualquer

Quando um corpo de volume (**V**) desloca-se num campo fluídico qualquer de um ponto (**A**) para um ponto (**B**), o trabalho do empuxo resultante, que age em (**V**), não depende da forma da trajetória que liga (**A**) com (**B**), e depende dos pontos de partida (**A**) e de chegada (**B**).

O trabalho do empuxo depende do volume (**V**) e dos pontos de partida (**A**) e de chegada (**B**).

Deslocando-se um corpo ideal de volume (**V**) entre os pontos (**A**) e (**B**), altera-se o trabalho ($\vartheta^{B}{}_{A}$) do empuxo, porém o quociente entre o trabalho pelo volume permanece constante e somente depende das condições fluídicas existentes nos pontos (**A**) e (**B**) do campo.

A grandeza escalar ($\vartheta^{B}{}_{A}/V$) indicado pela letra (**R**) é denominada por "diferença de nível de empuxo".

Desse modo, posso escrever que:

$$\vartheta^{B}{}_{A} = V \cdot R$$

Se entre dois pontos (**A**) e (**B**), de um campo fluídico existe uma diferença de nível (**R**), decorre, naturalmente, que a cada ponto do campo fica associada uma grandeza escalar denominada por "nivelação empuxial". Assim, posso escrever que: ($R = r_A - r_B$), onde (r_A) e (r_B) são nivelações empuxiais de (**A**) e (**B**), respectivamente, e (**R**) é a diferença de nível de empuxo entre (**A**) e (**B**).

Assim, posso escrever que:

$$\vartheta^{B}{}_{A} = V \cdot (r_A - r_B)$$

Na referida expressão todas as grandezas devem comparecer com seu respectivo sinal algébrico.

$$r_A - r_B = \vartheta^{B}{}_{A}/V$$

Posso calcular a diferença de nível de empuxo entre dois pontos de um campo fluídico. Para o cálculo da nivelação empuxial, em um ponto, é necessário atribuir um valor arbitrário à nivelação empuxial de outro ponto. O ponto, cuja nivelação empuxial é convencionado nulo, caracteriza o ponto de referência para a medida de nivelações.

11. Unidade de Diferença de Nível de Empuxo (R)

$$\mathbf{R = r_A - r_B = \vartheta^B{}_A/V}$$

Unidade de (R) = Unidade de trabalho/Unidade de Volume

No Sistema Internacional de Unidade, tem-se que:

Unidade de R = 1 Joule/metro^3 = 1 J/m^3 = 1 Arquimedes = 1q

12. Energia de Nivelação Empuxial

No campo fluídico, o trabalho entre dois pontos não depende da força da trajetória, portanto trata-se de um "campo conservativo". Logo o empuxo é uma força conservativa. E aos campos de forças conservativas associa-se o conceito de energia potencial.

Desse modo, um corpo ideal de volume (**V**), abandonado em repouso num ponto (**A**) de um campo fluídico, fica sujeito ao empuxo (↑**E**) e desloca-se, espontaneamente, na direção e sentido do empuxo. Nestas condições, (↑**E**) realiza trabalho positivo.

Pelo teorema da energia cinética, o trabalho do empuxo é medido pela variação da energia cinética entre os pontos (**A**) e (**B**):

$$\mathbf{\vartheta^B{}_A = W_{CB} - W_{CA} \Rightarrow}$$

$$\mathbf{\vartheta^B{}_A = W_{CB},}$$

Pois

$$\mathbf{W_{CA} = 0}$$

Na posição (**A**), o corpo de volume (**V**) não possui energia cinética, pois foi abandonado em repouso, entretanto possui a qualidade em potencial de vir a ter energia cinética. Deste modo, na posição (**A**), o corpo tem energia associada à sua posição. Esta energia é denominada por energia potencial de empuxo ou empuxial.

Em relação a um ponto de referência em (**B**), a energia potencial empuxial do corpo de volume (**V**), no ponto (**A**) ($\mathbf{W_{PA}}$), é igual ao trabalho do empuxo (**A**) a (**B**).

$$\mathbf{W_{PA} = \vartheta^{B}{}_{A}}$$

Como:

$$\mathbf{\vartheta^{B}{}_{A} = V \cdot (r_A - r_B)}$$

Tem-se que:

$$\mathbf{W_{PA} = V \cdot (r_A - r_B)}$$

Porém ($\mathbf{r_B = 0}$), (tomado como ponto de referência).
Portanto posso concluir que:

$$\mathbf{W_{PA} = V \cdot r_A}$$

13. Superfície Equinivelal

Superfície equinivelval, em um campo fluídico, é toda superfície nos pontos da qual a nivelação empuxial é absolutamente constante.

Portanto, num campo uniforme, as superfícies equinivelal, por serem perpendiculares às linhas de empuxo, são planos paralelos entre si.

14. Diferença de Nivelação Entre Dois Pontos de um Campo Fluídico Uniforme

Considere dois pontos (**A**) e (**B**) de um campo fluídico uniforme de intensidade (**e**). Sejam ($\mathbf{r_A}$) e ($\mathbf{r_B}$) as nivelações empuxiais de (**A**) e (**B**), respectivamente, e seja (**d**) a distância entre as superfícies equinivelais que passam por (**A**) e (**B**).

Evidentemente, o empuxo realiza um trabalho caracterizado por:

$$\vartheta^B{}_A = V \,.\, e \,.\, d$$

Porém, afirmei que:

$$R = r_A - r_B = \vartheta^B{}_A / V$$

Portanto, posso escrever que:

$$R = r_A - r_B = e \,.\, d$$

15. Corolário Fundamental

Todo e qualquer substância que posso ser considerada um fluído ao ser imersa em um campo, quer seja gravitacional, quer seja elétrico, quer seja magnético, onde sofra uma atração, tais fluídos estão na qualidade de exercerem um empuxo que naturalmente podem ser de origem gravitacional, elétrica ou magnética.

23. Permeabilogia

1. Introdução

Segundo a minha definição, "Permeabilogia" é a parte da mecânica dos solos que realiza o estudo da permeabilidade dos solos.

2. Fluxo de Escoamento

Tome-se a espessura da camada de um solo, medida na direção do escoamento. Sendo um escoamento laminar, o fluxo de escoamento médio no intervalo de tempo **t** ⊢⊣ **. t + Δt**, o quociente da quantidade de água que atravessa a secção transversal da amostra, inversa pelo intervalo de tempo.

Simbolicamente, o referido enunciado é expresso pela seguinte relação:

$$\phi_m = \Delta Q/\Delta t$$

Quando o fluxo varia com o tempo, define-se o fluxo de escoamento, em um instante (**t**), o limite para o qual tende ao fluxo médio, quando o intervalo de tempo (**Δt**), tende a zero.

Simbolicamente, o referido enunciado é expresso por:

$$\phi = \lim_{\Delta t \to 0} \Delta Q/\Delta t$$

3. Velocidade Média de Deslocamento da Água

Em regime laminar de percolação de água, em um instante (**t**), a quantidade de água, existente no volume (**A . L**), antes da secção transversal (**S**), põem-se em movimento, simultaneamente.

No intervalo de tempo (**Δt**), a quantidade de água, atravessa a secção (**S**) e ocupam o mesmo volume (**A. L**) após a secção (**S**), no instante (**t + Δt**).

A quantidade de água percorre a distância (**L**) no intervalo de tempo (**Δt**) e, portanto a velocidade média de percolação da água no volume será expressa por:

$$v = L/\Delta t$$

Sendo a densidade laminar de percolação (**μ**) igual à relação entre a quantidade de água (**Q**) pelo volume (**V**) em questão; posso concluir que:

$$\mu = Q/V$$

Porém, sabe-se que:

$$V = A \,.\, L$$

Logo, posso escrever que:

$$Q = \mu \,.\, A \,.\, L$$

Como o fluxo é expresso por:

$$\phi = \Delta Q/\Delta t$$

Posso concluir que:

$$\phi = \mu \,.\, A \,.\, L/\Delta t$$

Sabe-se que:

$$v = L/\Delta t$$

Assim, vem que:

$$\phi = \mu \cdot A \cdot v \cdot \Delta t/\Delta t$$

Ao eliminar os termos em evidência, resulta que:

$$\phi = \mu \cdot A \cdot v$$

Portanto, conclui-se que:

$$v = \phi/\mu \cdot A$$

4. Quantidade Laminar

Denomino por quantidade laminar (**W**) o nível (**h**) de água sobre um dos lados da camada de solo em produto com a quantidade de água (**Q**). Desse modo em um lado (**A**), a quantidade laminar é expressa por:

$$W_A = \Delta Q \cdot h_A$$

No lado (**B**), a quantidade laminar será expressa por:

$$W_B = \Delta Q \cdot h_B$$

Quando a quantidade de água atravessa o trecho (**A, B**); a quantidade laminar é expressa por:

$$W = \Delta Q \cdot h = \Delta Q \cdot (h_A - h_B) = \Delta Q \cdot h_A - \Delta Q \cdot h_B$$

Portanto, posso concluir que:

$$\mathbf{W = W_A - W_B}$$

Na seguinte expressão

$$\mathbf{W = \Delta Q \,.\, (h_A - h_B)}$$

Como:

$$\mathbf{\Delta Q > 0}$$

e

$$\mathbf{W > 0}$$

Conclui-se que:

$$\mathbf{h_A - h_B > 0 \Rightarrow h_A > h_B}$$

A equação encontrada permite afirmar que "as percolações de água vão de altura de níveis maiores para altura de níveis menores".

5. Intensidade de Percolação

Considere uma quantidade de água (**ΔQ**) percolando-se entre dois pontos (**A**) e (**B**) de uma camada de solo, num intervalo de tempo (**Δt**).

Afirmei que a quantidade laminar (**W**) é uma grandeza expressa por:

$$\mathbf{W = \Delta Q \,.\, \Delta h}$$

Por outro lado, defino a intensidade de percolação (**I**) como sendo igual à relação matemática existente entre a quantidade laminar (**W**), medida na direção do escoamento, pela variação de tempo.

Simbolicamente, o referido enunciado é expresso por:

$$\mathbf{I = W/\Delta t}$$

Substituindo convenientemente as duas últimas expressões, vem que:

$$\mathbf{I = \Delta Q \, . \, \Delta h/\Delta t}$$

Porém, sabe-se que:

$$\mathbf{\phi = \Delta Q/\Delta t}$$

Substituindo convenientemente as duas últimas expressões, vem que:

$$\mathbf{I = \phi \, . \, \Delta h}$$

Logo, posso afirmar que a intensidade de percolação é igual ao fluxo de escoamento multiplicado pela diferença entre os níveis de água sobre cada um dos lados da camada de solo.

6. Escoamento

O escoamento é uma nova grandeza física; ela relaciona a diferença de alturas (**Δh**) entre os níveis de água sobre cada um dos lados da camada de solo, com o fluxo que ocorre.

Para um escoamento laminar, o quociente entre o fluxo (ϕ) de água que percola-se na camada de solo, inversa pela diferença de altura (**Δh**) é igual ao escoamento.

Simbolicamente, o referido enunciado é expresso pela seguinte relação:

$$\mathbf{e = \phi/\Delta h}$$

O escoamento mede a facilidade de percolação do fluxo de água que atravessa a camada de solo.

Sabe-se que a intensidade de percolação é expressa por:

$$\mathbf{I = \phi \cdot \Delta h}$$

Substituindo convenientemente as duas últimas expressões, vem que:

$$\mathbf{I = e \cdot \Delta h^2}$$

Também, possa estabelecer que:

$$\mathbf{I = e \cdot (\phi/e)^2}$$

Portanto, resulta que:

$$\mathbf{I = \phi^2/e}$$

7. Natureza do Solo no Escoamento

Por meio de algumas experiências elementares, pude estabelecer a influência que a natureza e a dimensão das camadas de solos exercem sobre o escoamento.

Pude estabelecer as seguintes leis:

a) O escoamento é proporcional à área da camada de solo, verificado no sentido perpendicular à direção do escoamento.

$$\mathbf{e = k \cdot A}$$

b) O escoamento é inversamente proporcional à espessura da camada de solo, medida na direção do escoamento

$$\mathbf{e = \alpha/L}$$

c) O escoamento depende da natureza do solo.

$$\mathbf{(S_1) \rightarrow k_1 \text{ e } \alpha_1 \neq (S_2) \rightarrow k_2 \text{ e } \alpha_2}$$

As referidas conclusões podem ser enunciadas em uma única lei que costumo apresentar através dos seguintes símbolos:

$$\mathbf{e = \Psi \,.\, A/L}$$

Onde a letra (Ψ) representa uma grandeza que depende da natureza do solo.

8. Relações

Sabe-se que:

$$\mathbf{e = \phi/\Delta h}$$

Também demonstrei que:

$$\mathbf{e = \Psi \,.\, A/L}$$

Substituindo convenientemente as duas últimas expressões, vem que:

$$\mathbf{\phi/\Delta h = \Psi \,.\, A/L}$$

Ou seja:

$$\phi = \Psi \, . \, A \, . \, \Delta h/L$$

Demonstrei que:

$$e = \phi^2/I$$

Logo, posso escrever que:

$$\phi^2/I = \Psi \, . \, A/L$$

Assim, resulta que:

$$\phi^2 = \Psi \, . \, A \, . \, I/L$$

Também, demonstrei que:

$$e = I/\Delta h^2$$

Logo, posso escrever que:

$$I/\Delta h^2 = \Psi \, . \, A/L$$

Ou seja:

$$I = \Psi \, . \, A \, . \, \Delta h^2/L$$

Afirmei que:

$$\Delta h = W/\Delta Q$$

Sabe-se que:

$$\phi = \Psi \, . \, A \, . \, \Delta h/L$$

Substituindo convenientemente as duas últimas expressões, vem que:

$$\phi = \Psi \,.\, A \,.\, W/L \,.\, \Delta Q$$

9. Tensão de Percolação da Água

Denominei por tensão de percolação da água sobre uma camada de solo como sendo igual ao quociente do fluxo (**ϕ**), inversa pela área (**A**) de secção que atravessa.

O referido enunciado é expresso simbolicamente pela seguinte relação:

$$\sigma = \phi/A$$

Assim, considere uma camada de solo, de área (**A**) atravessada por uma quantidade de água. Pois dependendo do ângulo formado entre a normal à superfície e a tensão de percolação da água; posso exprimir o fluxo pela seguinte equação:

$$\phi = \sigma \,.\, A \,.\, \cos\theta$$

24. Coeficiente de Agregação do Solo

1. Introdução

Defino uma grandeza que denominei por coeficiente de agregação do solo, como sendo igual ao volume "solto" (**v**) (em partículas) do solo escavado de uma região, inversa pelo volume escavado (**V**) (buraco).

Simbolicamente, o referido enunciado é expresso pela seguinte relação:

$$\mu = v/V$$

2. Densidade e Coeficiente de Agregação

A densidade é definida como sendo igual à relação existente entre a massa (**m**) de uma amostra pelo volume (**V**) que apresenta.

Simbolicamente, o referido enunciado é expresso por:

$$\mathbf{d = m/V}$$

A "amostra" do volume escavado é a mesma do volume solto, logo a massa é a mesma.

Simbolicamente, posso escrever que:

$$\mathbf{m = M}$$

Portanto, para a amostra de volume solto, tem-se a seguinte densidade:

$$\mathbf{d = m/v}$$

E para o volume escavado, tem-se a seguinte densidade:

$$\mathbf{D = M/V}$$

Logo, substituindo convenientemente as três últimas expressões, vem que:

$$\mathbf{D = d \cdot v/V}$$

Como:

$$\mu = \mathbf{v/V}$$

Posso concluir que:

$$\mathbf{D = d \cdot \mu}$$

3. Porosidade e Coeficiente de Agregação

A porosidade de um solo é definida como sendo igual à razão entre o volume de vazios (**V_0**) e o volume (**V**) que a amostra apresenta.

Simbolicamente, o referido enunciado é expresso por:

$$\mathbf{n = V_0/V}$$

Defino o coeficiente de agregação do solo como sendo igual à razão entre o volume do solo solto e o volume escavado.

O referido enunciado é simbolicamente expresso por:

$$\mu = \mathbf{v/V}$$

Substituindo convenientemente as duas últimas expressões, posso escrever que:

$$\mu = v/V_0/n$$

Portanto, vem que:

$$\mu = n \,.\, v/V_0$$

A porosidade do solo solto é expressa pela relação entre o volume de vazios (v_0) pelo volume da amostra.

Simbolicamente, pode-se escrever que:

$$N = v_0/v$$

Substituindo convenientemente a referida expressão com aquela que define o coeficiente de agregação do solo; posso escrever que:

$$\mu = (v_0/N)/(V/1)$$

Portanto, posso escrever que:

$$\mu = v_0/N \,.\, V$$

Sabe-se que:

$$n = V_0/V$$

Substituindo convenientemente as duas últimas expressões, vem que:

$$\mu = (v_0/N \,.\, V_0)/n$$

Portanto, vem que:

$$\mu = n \cdot v_0/N \cdot V_0$$

Ocorre que defino o índice de porosidade de agregação como sendo igual ao volume de vazios de um solo solto ($\mathbf{v_0}$), inverso pelo volume de vazios do solo escavado ($\mathbf{V_0}$).

Simbolicamente, posso escrever que:

$$e = v_0/V_0$$

Substituindo convenientemente as duas últimas expressões, vem que:

$$\mu = n \cdot e/N$$

Acontece que defino uma grandeza que denominei por fração-agregação, como sendo igual à relação entre a porosidade do solo solto (**N**), pela porosidade do solo escavado (**n**).

Simbolicamente, o referido enunciado é expresso por:

$$f = N/n$$

Substituindo convenientemente as duas últimas expressões, vem que:

$$\mu = e/f$$

www.ingramcontent.com/pod-product-compliance
Lightning Source LLC
Chambersburg PA
CBHW072149170526
45158CB00004BA/1564

* 9 7 8 1 0 7 4 3 4 3 7 0 5 *